Isaac Asimov

notre système solaire

traduit de l'américain par Robert Giraud

bibliothèque de l'univers

Père Castor
Flammarion

Sommaire

Titre original : *Our Solar System*

Introduction

L'Univers où nous vivons est d'une taille gigantesque, mais il a fallu attendre ces cinquante dernières années pour que nous nous en rendions vraiment compte.
Il était bien naturel que nous tentions de mieux connaître l'endroit où nous habitons. C'est pourquoi, depuis un demi-siècle, nous avons fabriqué de nouveaux instruments de recherche, comme les radiotélescopes, les satellites, les sondes, qui nous ont révélé sur l'Univers beaucoup plus que tout ce que l'on pouvait imaginer quand j'étais jeune.
Désormais, nous avons vu les planètes de près. Nous avons appris des choses stupéfiantes sur la façon dont l'Univers a pu se former et dont il peut finir un jour. C'est une découverte exaltante.
Les astres dont nous avons eu jusqu'à présent les vues les plus rapprochées appartiennent tous à la famille du Soleil. Ils tournent autour de celui-ci de la même façon que notre Terre et forment avec elle le système solaire. Ils sont néanmoins très différents les uns des autres et chacun d'eux représente un monde passionnant à explorer.

L'impulsion est donnée

Le système solaire n'a pas toujours existé. Si nous avions pu contempler l'Univers il y a près de 5 milliards d'années, nous n'y aurions trouvé ni le Soleil, ni les planètes, ni leurs satellites. Tout ce que nous aurions pu voir était un immense nuage de poussières et de gaz appelé nébuleuse. Ce nuage, qui tourbillonnait déjà depuis quelque 10 milliards d'années, gardait sa cohérence grâce à la force gravitationnelle. Soudain, non loin de lui, une étoile a explosé. Une supernova. Le choc a précipité les particules de gaz de la nébuleuse les unes contre les autres. Plus ces particules se rapprochaient, plus elles s'attiraient. Le nuage s'est ainsi ramassé sur lui-même, tournant de plus en plus vite à mesure que sa taille diminuait.

▲
Notre Soleil à l'état de protoétoile : le nuage de gaz et de poussières a commencé à se contracter en nébuleuse solaire. Au centre de celle-ci, une énorme boule de gaz incandescents, dont l'explosion marquera la naissance du Soleil.

◀◀
La nébuleuse : un foyer de gaz incandescents prêt à donner naissance à des étoiles. On en voit sur cette image qui commencent à émerger d'un gigantesque nuage de gaz et de poussières.

◀
La nébuleuse de l'Aigle présente un spectacle impressionnant. Elle comporte à la fois des nuages brillants de gaz très chauds et des masses plus sombres de poussières et de gaz (les taches noires de la photo).

La naissance du Soleil

Examinons de plus près la nébuleuse d'origine. Elle est formée à 99 % d'hydrogène et d'hélium, les deux éléments les plus simples, qui sont apparus au tout début de l'Univers. Le 1 % restant est constitué par des corps plus lourds, créés au cours de la vie et lors de l'explosion finale d'étoiles beaucoup plus grosses que le Soleil. Ces explosions ont dispersé les éléments lourds dans l'espace. Quand la nébuleuse s'est contractée, ses matériaux, tombant vers le centre, se sont agglutinés en une gigantesque boule de gaz, leur pression et leur température augmentant à mesure qu'ils se rapprochaient du centre. Les atomes d'hydrogène, ainsi chauffés et comprimés, se heurtaient pour fusionner en atomes d'hélium. C'est ce qu'on appelle la fusion nucléaire, qui dégage une énergie considérable. Les couches extérieures, ainsi échauffées, se sont alors mises à rougeoyer. Une étoile était née — notre Soleil !

!

Une pizza cosmique à emporter

Toutes les planètes tournent autour du Soleil dans le même sens, décrivant des cercles légèrement aplatis et situés plus ou moins dans le même plan. Cela signifie que, si vous construisiez une petite maquette du système solaire en réalisant les orbites planétaires avec du fil de fer, elle serait si plate qu'elle pourrait tenir dans un carton à pizza. Lorsque les savants arrivèrent à comprendre comment le système solaire s'était formé, il leur restait encore à expliquer pourquoi il s'était répandu dans l'espace de façon aussi régulière. C'est précisément cette forme de pizza qui les a conduits à l'idée d'un nuage du poussières et de gaz se contractant et tourbillonnant rapidement.

Le système solaire à l'état de pizza.

◀ La nébulaire solaire, avec le jeune astre rougeoyant en son milieu, continue à se rétrécir. On commence à distinguer les planètes naissantes au sein du disque tourbillonnant.

▼ Ce schéma figure les trajectoires des planètes internes à leur début, quand elles continuaient à capter de la matière et à grandir.

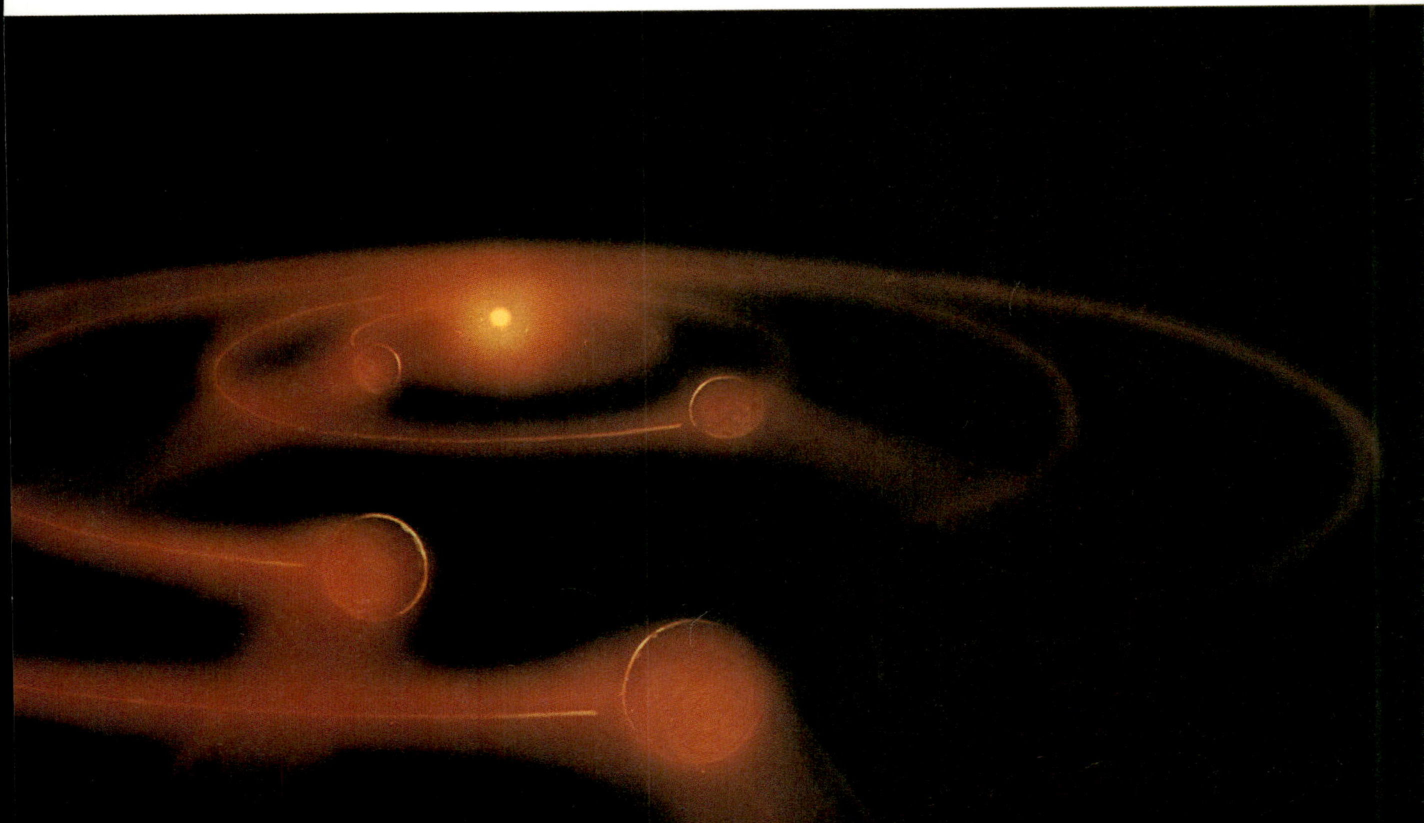

Les planètes en chantier

En dehors du centre du nuage, les poussières et les gaz étaient raréfiés.Leurs particules se rassemblèrent en un disque gazeux et brûlant. Quand ce disque s'est refroidi, des grumeaux de matière s'y sont agglomérés. Plus près du centre, seuls les éléments rocheux ont pu se solidifier. Au-delà, du gaz a pu se refroidir suffisamment pour donner de la glace. Les particules solides, se heurtant et s'agglomérant, formaient des amas. Certains d'entre eux ont grandi plus vite, acquérant ainsi une gravité plus forte qui leur permettait de capter plus de matière et de se développer davantage. Les planètes rocheuses que sont Mercure, Vénus, la Terre et Mars se sont ainsi constituées à température élevée, alors que leurs sœurs géantes ont pris corps loin du brasier solaire. Parallèlement, l'énergie créée au cœur du Soleil a commencé à en atteindre la surface et à rayonner dans l'espace, accompagnée d'un « vent » de particules à haute énergie. Cette radiation et ce vent solaire ont balayé les restes du nuage de poussières et de gaz, faisant ainsi le ménage du système solaire.

Voici comment un peintre a essayé de représenter l'émergence du système solaire :
1. Les « protoplanètes », les planètes jeunes et les satellites prennent forme au sein de la nébuleuse qui a servi de berceau au système solaire.

2. Le souffle puissant du jeune Soleil expulse les débris de la nébuleuse. Demeurent seulement les principaux corps solides, qui constituent le système solaire tel que nous le connaissons.

3. Le système solaire actuel, vu de derrière la planète Jupiter.

La famille Soleil

Nous savons que le Soleil est de très loin le plus gros des membres de cette famille. En effet, il pèse mille fois plus que tous les autres pris ensemble. Sa taille est suffisante pour qu'une réaction de fusion nucléaire puisse se déclencher en son centre. C'est l'énergie de cette réaction qui est cause du rayonnement de l'étoile. Les planètes étant beaucoup plus petites, leur centre ne peut être le siège de réactions de fusion. C'est pourquoi, si le cœur des planètes est chaud, leur surface est froide. Elles ne peuvent briller qu'en réfléchissant la lumière reçue du Soleil.
En dehors des planètes, on trouve dans le système solaire des objets plus menus. Certains d'entre eux tournent autour du Soleil à la façon des planètes et d'autres sont en orbite autour des planètes elles-mêmes : ce sont leurs satellites, ou lunes.
Commençons par examiner de plus près les planètes.

◀ Ce schéma nous présente le Soleil et sa famille de planètes. En allant de l'intérieur vers l'extérieur, on trouve successivement : Mercure, Vénus, la Terre, Mars, Jupiter, Saturne, Uranus, Neptune et Pluton. On a figuré également sur le schéma, et colorié en rouge, ce que l'on pourrait appeler la «biosphère» du système solaire, c'est-à-dire la zone où la température est suffisamment douce pour permettre l'éclosion de la vie, sous réserve que les autres conditions, en particulier l'existence d'une atmosphère appropriée, soient remplies. On voit que seules Vénus, la Terre et Mars y sont situées, et encore, de ces trois planètes, Vénus est trop près de la zone chaude (en jaune), et Mars de la zone froide (en bleu). La Terre, elle, est à peu près au centre de la biosphère, là où la température peut le mieux favoriser les formes de vie que nous connaissons.

? Pourquoi le Soleil n'aurait-il pas un compagnon ?

Beaucoup d'étoiles ont des compagnes, avec lesquelles elles forment des étoiles doubles. Notre plus proche voisine, Alpha du Centaure, par exemple, est en réalité un couple d'astres autour desquels, à une distance considérable, tourne un troisième astre, petit et sombre. C'est donc d'étoile triple qu'il faut parler à son propos. Jusqu'à présent, tout nous porte à croire que le Soleil est une étoile simple. Ce dont on peut être sûr, c'est qu'il n'a pas d'étoile *brillante* à ses côtés. Mais s'il avait pour compagnon une minuscule étoile *sombre* située à au moins 4,8 billions de km ? Des astronomes ont émis l'idée qu'elle nous apparaîtrait comme une étoile sombre ordinaire et que c'est la raison pour laquelle nous ne l'aurions pas encore remarquée.

croûte
manteau
noyau central

Mercure, Vénus, la Terre et Mars, astres rocheux

Les planètes qui se sont formées à proximité du Soleil et que l'on appelle également planètes internes, ont été fortement chauffées par celui-ci. Les gaz chauds, surtout s'ils sont légers, sont plus difficiles à retenir, sous l'effet de la gravitation, que les gaz froids. Les planètes internes n'ont donc pu conserver l'hydrogène et l'hélium qui constituaient le plus gros de la matière tourbillonnante du début. Elles contiennent seulement le peu de produits lourds qui s'y trouvaient : les plus lourds des gaz, les métaux et les roches. C'est pourquoi elles sont tellement plus petites que celles qui ont pris corps à grande distance du Soleil. Les planètes proches n'ont pratiquement en leur centre que des roches et du métal. C'est pourquoi on les appelle les planètes rocheuses, ou planètes telluriques (*Tellus* et *Terra*, en latin, signifient tous les deux « terre »), car la Terre, à laquelle elles ressemblent, en fait partie.

◀◀
On voit bien sur cette image que les planètes rocheuses sont nettement plus petites que les autres. A gauche sont figurées en haut la Terre et en bas Vénus. Juste à droite de la Terre est placée Mars, suivie par Mercure et la Lune. En dessous d'elles sont représentés deux satellites de Jupiter, Io et Europa. Encore en dessous, on trouve deux autres satellites de Jupiter, Ganymède et Callisto, puis tout en bas Titan, la plus grande des lunes de Saturne. Callisto est à peu près de la même taille que Mercure; Ganymède et Titan sont même plus grands qu'elle. Ces trois lunes ne sont guère plus petites que Mars. Io est légèrement plus grand et Europa un peu plus petit que notre Lune à nous.

◀
Sur cet « écorché » de Mars, nous voyons bien la structure d'une planète rocheuse typique. La croûte, comparée à la planète, a la même épaisseur que l'écorce d'une orange comparée au fruit. Elle est donc relativement fine. En dessous, nous trouvons le manteau, fait de roches, puis le noyau, principalement constitué de fer en fusion.

Jupiter, Saturne, Uranus, Neptune, géantes gazeuses

Les planètes apparues loin du Soleil étaient beaucoup plus froides que les autres. Elles ont donc pu, sous l'effet de leur gravitation, retenir l'hydrogène et l'hélium. Ce qui veut dire qu'elles se sont beaucoup développées, absorbant de plus en plus de gaz à mesure que leur poids, et donc leur gravité augmentaient.
La taille des planètes externes est, par conséquent, bien supérieure à celle des planètes internes. Au lieu de roches et de métal, elles sont constituées principalement des deux gaz dont nous venons de parler : l'hydrogène et l'hélium. D'où le nom qu'on leur a donné de géantes gazeuses.

2. Sur cet « écorché » d'Uranus, on se rend bien compte de la structure d'une géante gazeuse. Le noyau rocheux est plongé dans une « mer » formée principalement d'eau, d'ammoniac et de méthane. Vient ensuite une atmosphère composée surtout d'hydrogène.

1

3

4

Les géantes gazeuses :
1. Uranus (peinture)
3. Neptune (photo)
4. Saturne (photo)
5. Jupiter (photo)

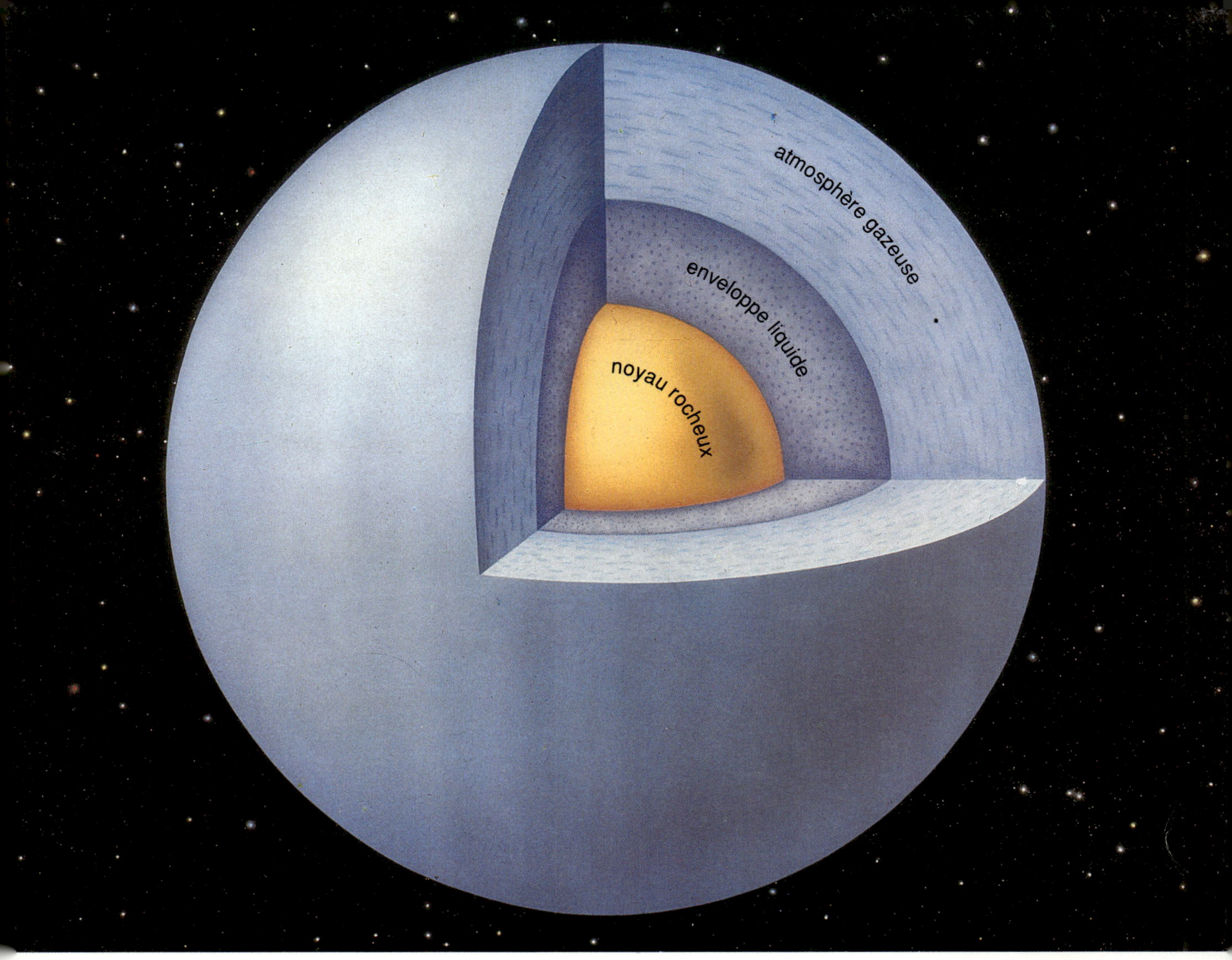

5

Pluton, la petite dernière

La plus éloignée des planètes connues n'est pas une géante gazeuse. C'est une bizarre petite planète du nom de Pluton, plus petite même que les planètes telluriques. C'est la dernière à avoir été découverte, la plus sombre aussi. Son orbite est décalée, ce qui fait qu'elle peut « doubler » Neptune, sa voisine, et se rapprocher davantage du Soleil que cette dernière. Mais comme cette orbite est inclinée, il n'y a pas de risque de collision. Ces toutes dernières années, on a établi que Pluton n'était faite ni de roches, ni de gaz, mais de glace. De l'eau et d'autres substances analogues y ont été congelées par le froid terrible qui règne à des distances aussi considérables du Soleil.

◀ La planète X. Est-ce la dixième? Nous pensons qu'il est possible qu'elle tourne au-delà de Pluton et exerce son attraction sur les planètes externes du système solaire. Mais si la planète X. existe, elle est si éloignée du Soleil et si peu lumineuse qu'il sera très difficile de la repérer.

▼ Pluton, une minuscule sphère de glace aux confins de notre système solaire

A qui le tour ?

Des astronomes remarquèrent en 1915 des perturbations dans le mouvement des planètes externes. Peut-être y avait-il au-delà de Neptune une neuvième planète dont l'attraction expliquait ces bizarreries ? Les recherches durèrent de longues années et finirent par aboutir à la découverte de Pluton en 1930. Tous les problèmes semblaient réglés. Cependant, avec le temps, on s'aperçut que Pluton était trop petite pour que sa force gravitationnelle puisse perturber ses voisines. Doit-on alors penser qu'il existe une autre planète, plus grosse celle-là, derrière Neptune ? Mystère.

Les satellites, escortes des planètes

Quand les planètes se sont formées, une partie de la matière environnante est demeurée séparée d'elles. Toutes les géantes gazeuses sont entourées de petits astres, ou satellites. Jupiter, la plus grande, en compte quatre de bonne taille et un grand nombre de dimensions plus modestes. Saturne en a un grand et plusieurs moyens. Uranus n'en a que des moyens, tandis que Neptune en possède un seul, mais gros. Même la minuscule Pluton a son satellite à elle. Les planètes telluriques sont moins bien loties. Mars a deux minuscules satellites; Mercure et Vénus en sont privées; seule la Terre en possède un gros, la Lune.

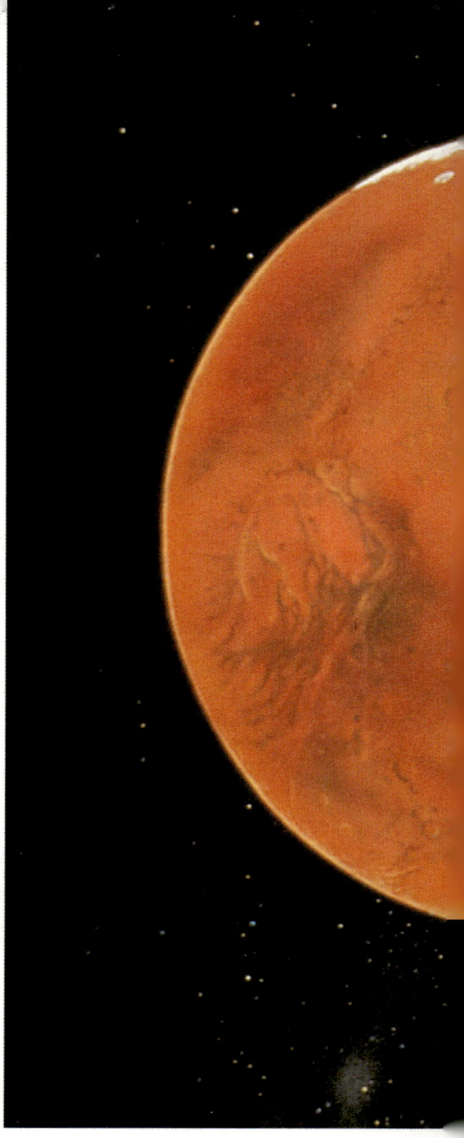

Le système solaire en déplacement

La Lune gravite autour de la Terre et la Terre autour du Soleil, mais le Soleil n'est pas immobile lui non plus. Il entraîne avec lui tout son cortège de planètes dans un mouvement régulier autour du centre de notre Galaxie. Comme toutes les autres étoiles de la Galaxie font de même, celle-ci donne l'impression de tourbillonner. Il faut 200 millions d'années à notre système solaire pour faire un tour complet dans la Galaxie. Depuis près de cinq milliards d'années qu'il existe, il a donc eu le temps de faire vingt-trois tours.

▲ Jeu de contrastes : la planète rouge, Mars, et sa petite lune sombre, Deimos. Ne vous laissez pas abuser par cette représentation : Mars a près de 6 400 km de largeur, contre 10 à 16 km seulement pour Deimos.

▶ Jupiter et ses grands satellites, comparables à des planètes, vus par la sonde Voyager 1. Les dimensions relatives sont trompeuses, mais les positions sont correctes. Io, en haut à gauche (d'une teinte rougeâtre), est le plus rapproché de Jupiter (en haut à droite). Celui qui vient ensuite en distance est Europa (au centre), suivi par Ganymède (en bas à gauche) et par Callisto.

▶▶ Clichés des six plus grands satellites du système solaire, faisant apparaître leurs rapports de taille. Notre Lune (au milieu) est entourée, en partant du coin inférieur droit et en tournant dans le sens des aiguilles d'une montre, par Titan, satellite de Saturne, et par Callisto, Io, Europa et Ganymède, satellites de Jupiter.

▲ Un schéma faisant ressortir la ceinture d'astéroïdes entre Mars et Jupiter. On y a fait figurer également les trajectoires de certains des « astéroïdes fous » qui parcourent autour du Soleil les orbites les plus extravagantes, ainsi que les astéroïdes dits troyens, qui, groupés en amas, « précèdent » et « suivent » Jupiter dans sa rotation autour du Soleil. On a également représenté ici le mince anneau repéré autour de Jupiter par Voyager 1 en 1979.

▶ Une photo de l'averse des météores Léonides prise avec un long temps de pose, depuis Kitt Peak (Arizona), le 17 novembre 1966. Les météores apparaissent comme des traits rosés qui semblent se diriger droit vers la Terre alors que les étoiles laissent des traces légèrement incurvées sur le ciel des premières heures du jour. Les averses de Léonides se produisent chaque année, mais elles sont particulièrement importantes tous les 33 ans. La prochaine grosse averse est donc prévue pour 1999.

Les débris cosmiques : astéroïdes et météores

Une partie de la matière des franges du nuage initial ne s'est pas condensée en planètes; elle est demeurée dispersée. C'est particulièrement le cas entre l'orbite de Mars et celle de Jupiter, où se trouve une centaine de milliers de petits corps tournant autour du Soleil, ou astéroïdes, d'au moins un kilomètre et demi de diamètre. Certains d'entre eux ont été capturés par des planètes, dont ils sont devenus de petits satellites. D'autres évoluent plus près du Soleil et passent parfois à proximité de la Terre. Nous appelons ces derniers *météoroïdes* tant qu'ils sont dans l'espace, *météores* quand ils pénètrent dans l'atmosphère terrestre en jetant un vif éclat et *météorites* quand ils heurtent la surface de notre globe. De tout petits météorites peuvent frapper nos astronautes et nos fusées dans l'espace extra-terrestre et, de temps en temps, des collisions se produisent avec la Terre.

? Avant de se mettre en route

Si vous voulez entreprendre un voyage vers un autre Soleil, vous devez d'abord retenir quelques chiffres. Vous savez que les planètes sont prodigieusement dispersées. La Terre est déjà à 150 millions de km du Soleil, ce qui est encore peu de chose comparé aux planètes externes. La distance moyenne de Pluton au Soleil est de 5,9 milliards de km, soit 40 fois plus que pour la Terre. De plus, le système solaire est loin d'être gêné par ses voisins. Une fois qu'on en est sorti, il faut encore franchir des milliers de milliards de km pour trouver d'autres étoiles. La plus proche de nous, Alpha du Centaure, est 7 000 fois plus éloignée de nous que Pluton, soit à 40 000 milliards de km!

D'autres débris cosmiques : les comètes

Notre système solaire est bien loin de se limiter à ce que nous en apercevons. Loin derrière Pluton vagabondent des centaines de milliards de glaçons, vestiges de l'époque où le nuage initial de poussières et de gaz s'est contracté pour former le système solaire. Nous donnons à ces boules de glace le nom de comètes. De temps en temps, pour différentes raisons, ces comètes se précipitent vers le Soleil, coupant la route des planètes. La chaleur augmente, la glace se met à fondre, libérant les poussières qu'elle renfermait et qui continuent à accompagner la comète sous forme d'un nuage étincelant. Le vent solaire, courant de particules projetées violemment dans l'espace par le Soleil, rejette ce nuage derrière la comète. Celle-ci reçoit ainsi une queue, toujours tournée du côté opposé au Soleil et qui nous offre à nous, Terriens, un spectacle grandiose.

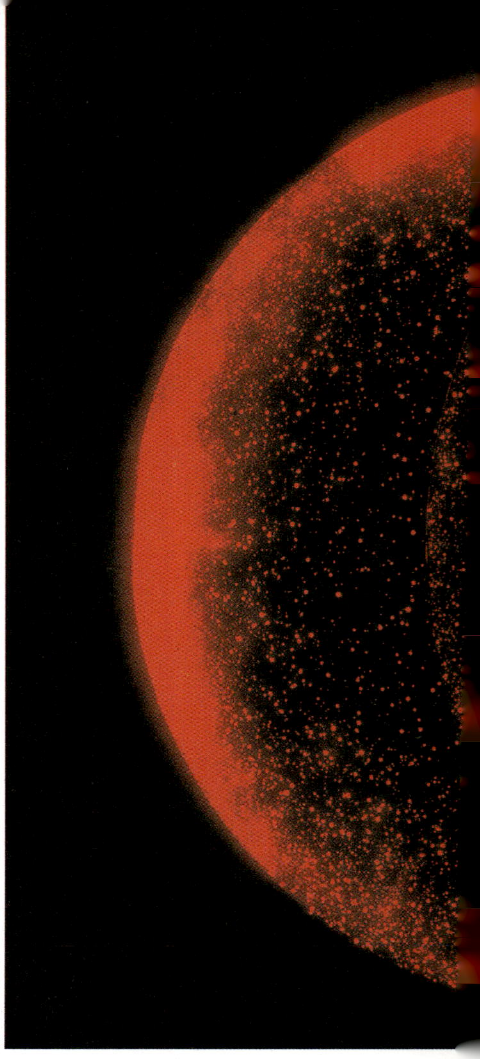

1

1. Un artiste a essayé de représenter le vaste nuage de comètes (en rouge) qui entoure le système solaire (en jaune). Les astronomes ont conclu de leur étude des orbites des comètes qu'il existe effectivement un nuage contenant des centaines de milliards de ces corps. Son éloignement par rapport au Soleil dépasse plusieurs milliers de fois celui de Pluton. Cette formation a reçu le nom de nuage de Oort, du nom de l'astronome qui en a le premier, en 1950, supposé l'existence.

2. 4. Ces deux photos montrent de combien la comète Kobayashi-Berger-Milon 1975h a avancé en une journée.

2. Une galaxie spirale (secteur inférieur droit du cliché) est située au bord de la trajectoire de la comète.

4. On peut juger, d'après cette même galaxie spirale, du déplacement de la comète. On distingue bien les flèches lumineuses de sa queue gazeuse.

3. La comète West. Qui n'a rêvé un jour de voir le ciel ainsi s'embraser? Mais pour pouvoir profiter de ce phénomène — et être en mesure de le photographier —, il faut s'éloigner des villes et de leurs lumières.

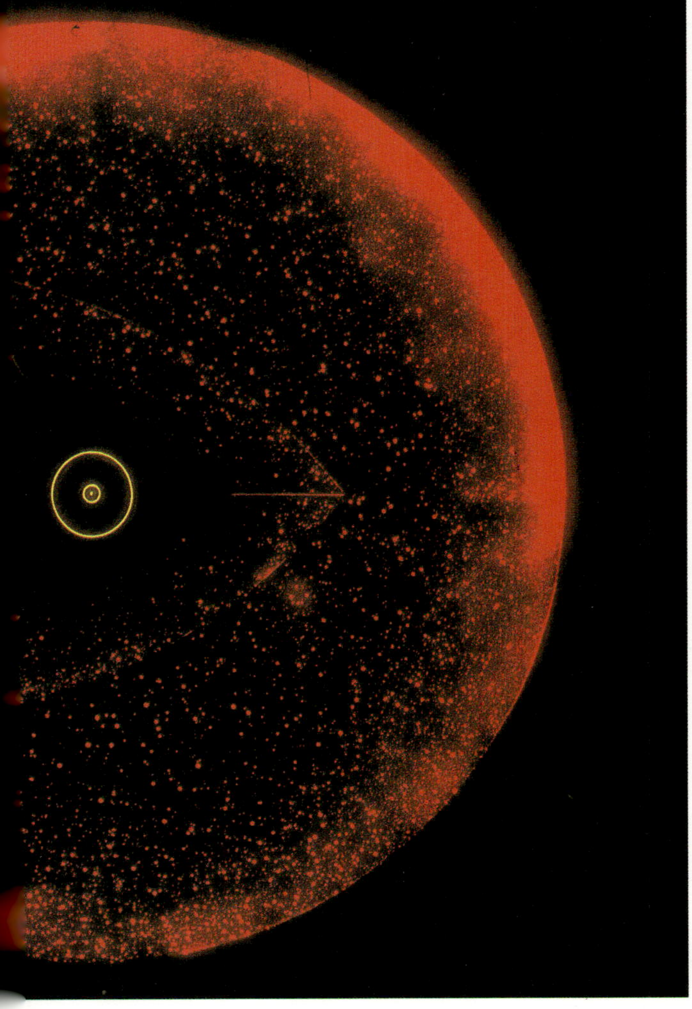

2

4

◀ L'avenir de la Terre est placé sous le signe d'une étoile blanche comme celle-ci. Essayez d'imaginer la Terre (avec nous dessus) dans la période intermédiaire entre celle où le Soleil est tel que nous le connaissons aujourd'hui (en bas) et celle où il sera la minuscule naine blanche du haut !

La fin du système solaire

Quelle belle machine bien réglée que notre système solaire, avec les rotations et les révolutions du Soleil, de ses planètes, de leurs lunes, des astéroïdes et des comètes ! Et pourtant il ne durera pas éternellement. L'hydrogène du noyau solaire finira par s'épuiser. Encore 5 milliards d'années, et des transformations affecteront le cœur du Soleil. La taille de ce dernier augmentera prodigieusement. Ses couches extérieures se refroidiront, prenant une teinte rougeâtre. Notre astre sera devenu une géante rouge. Sa chaleur sera suffisante pour consumer la Terre, anéantissant à sa surface toute forme de vie. Finalement, le Soleil ne pourra plus entretenir de réactions thermonucléaires. Il se réduira en une naine blanche pas plus grosse que la Terre, et autour de cette naine graviteront des planètes froides, mortes. A quoi ressemblera la vie sur Terre juste avant ces événements ? Des êtres humains seront-ils encore là pour le voir ? Les paris sont ouverts.

▲ La vie et la mort d'une étoile

Provenant de la nébuleuse figuré sur ce montage à l'extrémité gauche, un nuage de gaz et de poussières se contracte en nébuleuse solaire. Le protosoleil et le disque représentés au milieu prennent la forme du Soleil et du système solaire tels que nous les connaissons aujourd'hui (centre droit, en arrière-plan) pour finir sous la forme d'une géante rouge (en bas à droite). Toutes ses réserves d'énergie nucléaire consumées, cette géante s'effondre sur elle-même et devient une naine blanche (premier plan, au centre) pas plus grosse que la Terre.

Un parmi d'autres ?

Très vraisemblablement, notre Soleil n'est pas la seule étoile à posséder une famille de planètes. On compte des centaines de milliards d'étoiles dans notre Galaxie, et des centaines de milliards d'autres galaxies. Et dans chacune de ces galaxies, chaque étoile est comme un Soleil. D'après certains savants, la plupart, ou même la totalité des étoiles auraient des planètes. Malheureusement, les étoiles, même les plus proches, sont encore si éloignées de nous que nous sommes dans l'impossibilité de repérer leurs planètes, si elles en ont. Ces dernières années, on s'est aperçu qu'autour de certaines étoiles tournaient des nuages formés de petites particules de matière. Des planètes s'y cachent peut-être. Et de fait, en 1987, des astronomes de Hawaii ont fait une découverte sensationnelle : celle d'un grand objet qui paraît décrire une orbite autour d'une étoile voisine. Un jour, qui sait, quand nos instruments se seront perfectionnés, nous pourrons voir ce qu'il en est exactement.

1. Des planètes en formation dans un système jeune (peinture).

2. Une photo en fausses couleurs de l'étoile Bêta du Chevalet du Peintre. L'étoile a été masquée, pour que sa lumière n'empêche pas d'apercevoir un disque qui s'étend de part et d'autre de l'astre. Les astronomes se demandent s'il ne s'agirait pas d'un système solaire, peut-être à son stade initial. Cela signifierait, comme beaucoup le pensent, qu'il existe dans l'immensité de l'espace d'autres systèmes semblables au nôtre. C'est une perspective vraiment fascinante.

3. Deux planètes désertes dans un système solaire lointain. A l'arrière-plan, une combinaison stellaire rare : une galaxie à anneau polaire enveloppée par une large ceinture de matière stellaire (peinture).

2

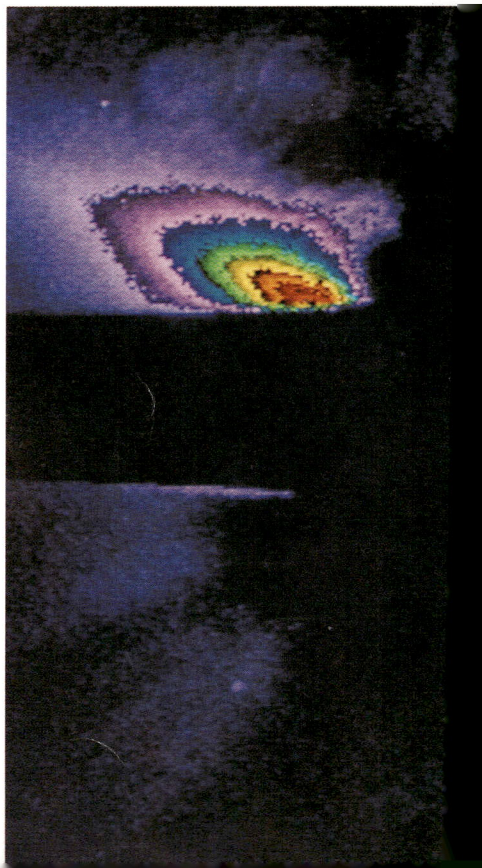

Une échelle pour grimper aux étoiles ?

Les astronomes n'ont jamais vu le nuage de Oort, ce nuage de comètes dont ils supposent l'existence loin au-delà des planètes. Mais ils ont des raisons de penser qu'il est bien formé de comètes, qui pourraient s'étendre sur 16 milliards de km, soit la moitié du chemin qui nous sépare de l'étoile la plus proche (Alpha du Centaure). Cette dernière dispose-t-elle également d'un nuage de comètes tendu vers nous ? Il est tentant d'imaginer des comètes jalonnant la route qui nous mène à Alpha du Centaure. Comme une sorte de pont lancé en direction de notre plus proche voisin.

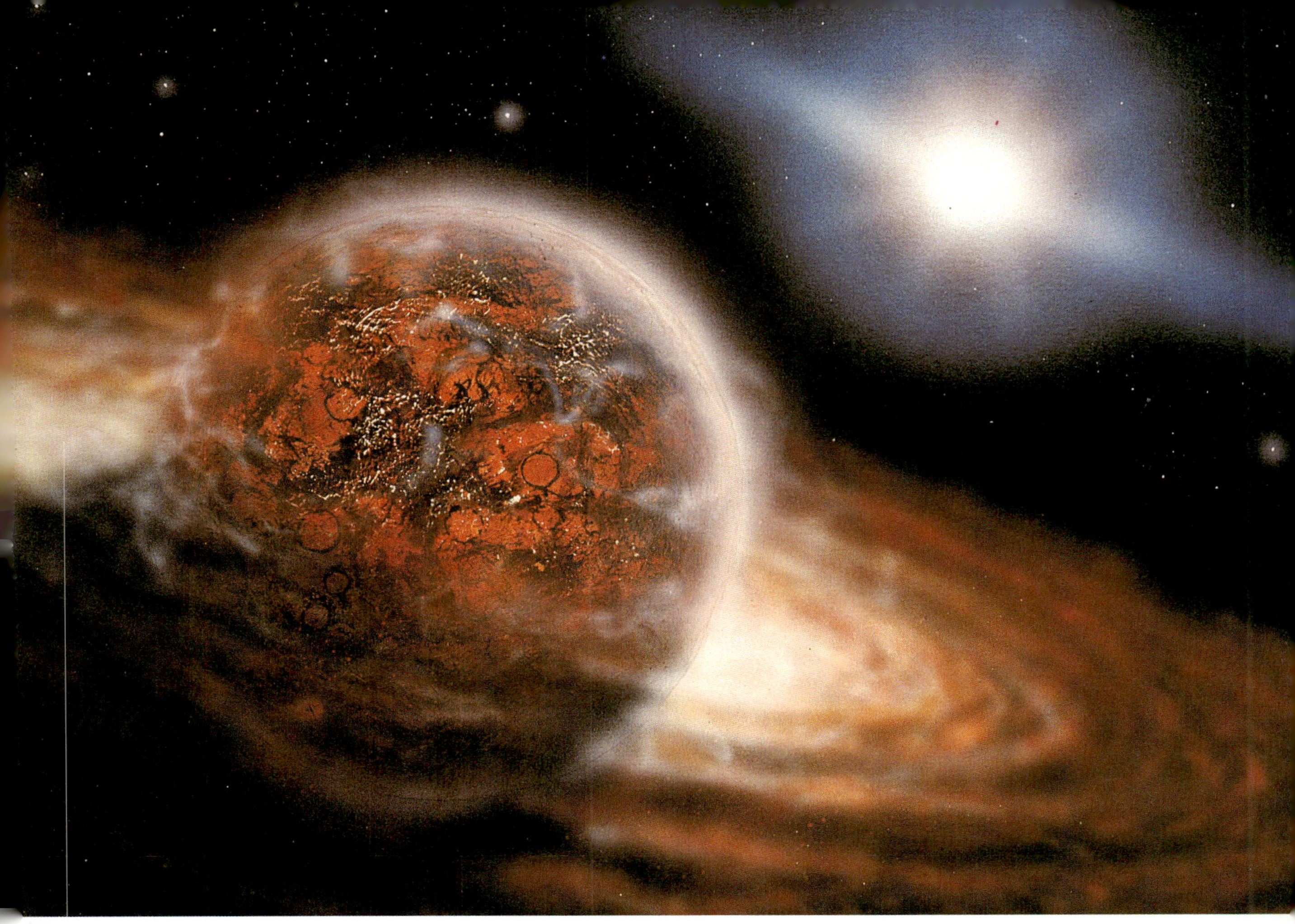

3

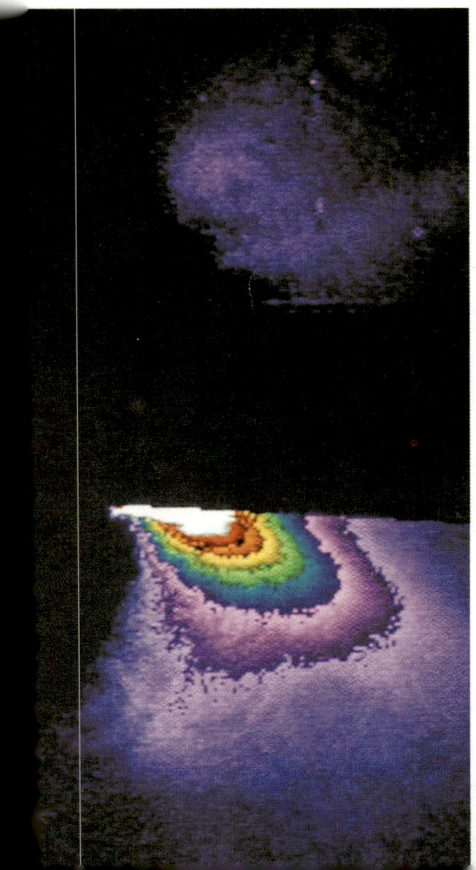

Quelques repères

La Voie lactée et le système solaire : notre maison dans l'immensité de l'Univers

Pour nous, habitants du système solaire, tout a commencé dans le même coin reculé de la Voie lactée où nous nous trouvons encore aujourd'hui. Il y a presque 5 milliards d'années, notre Soleil a surgi d'un nuage tourbillonnant de gaz et de poussières appelé une nébuleuse. Encore un « petit » million d'années, et la nébuleuse tourbillonnante qui entourait le Soleil a donné naissance aux planètes. De nos jours, le système solaire nous paraît tout à fait confortable.

Le Soleil du départ à l'arrivée

Le tableau de la page ci-contre résume la vie de notre Soleil, des premiers soubresauts du nuage de gaz et de poussières, jusqu'à ce que nous supposons être son stade final de naine noire et froide, dans quelques dizaines de milliards d'années. Le Soleil tel que nous le connaissons, c'est-à-dire appartenant à ce que les astronomes appellent la séquence principale n'a guère qu'une dizaine de milliards d'années. Cette période est décomptée depuis le moment où s'y amorce la fusion thermonucléaire jusqu'à celui où il deviendra une géante rouge, dans environ 6 milliards d'années. Rappelez-vous bien que sur le tableau, l'âge du Soleil est compté en millions d'années, et que 4 700 millions (l'âge actuel du Soleil) font 4,7 milliards.

1

1. 2. L'Univers tel que nous l'apercevons depuis notre perchoir, sur le bras d'Orion de la Voie lactée. Le centre tourbillonnant de notre Galaxie luit à des milliers d'années-lumière de nous.

3. Si on considère de plus près le système solaire, on y découvre le Soleil, les planètes et les plus grands des satellites en fonction de leurs tailles relatives.

4. Un guide pour vous aider à vous repérer dans le système solaire représenté sur la page voisine (3).

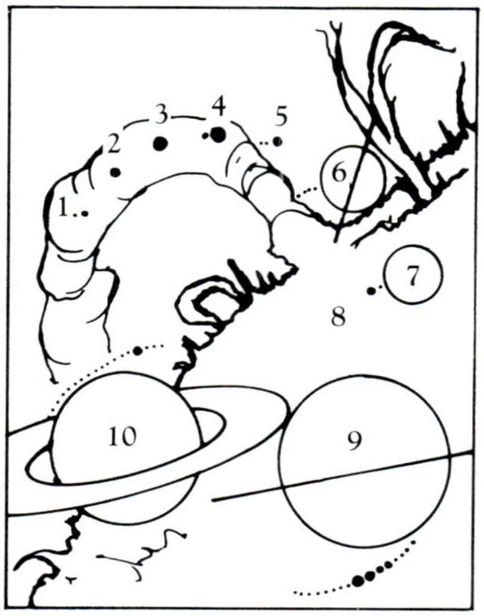

4

1 - Pluton
2 - Mercure
3 - Vénus
4 - La Terre
5 - Mars
6 - Uranus
7 - Neptune
8 - Le Soleil
9 - Jupiter
10 - Saturne

2

3

Âge (en millions d'années)	**Événements**
0	Première contraction de la matière de la nébuleuse : formation du protosoleil. Les planètes naissantes, ou protoplanètes, commencent à se condenser à partir des anneaux tourbillonnants du disque de la nébuleuse solaire.
1	Le cœur chaud de la protoétoile se forme par contraction.
70	Fin des contractions de la protoétoile. La fusion nucléaire de l'hydrogène s'amorce dans le cœur. L'expulsion violente des restes de matière de la nébuleuse marque le début de l'existence autonome du système solaire, tandis que le Soleil devient membre à part entière de la « séquence principale » des étoiles.
4 700	Le Soleil aujourd'hui.
7 000	L'hydrogène du cœur du Soleil commence à s'épuiser.
10 000	L'hydrogène en combustion commence à se déplacer vers l'extérieur pour former une sorte de coquille autour du cœur d'hélium. Le Soleil brille avec un éclat plus vif. La température de la Terre s'élève lentement.
10 600	Le Soleil quitte la « séquence principale » et passe au premier stade de géante rouge. Le cœur d'hélium s'embrase. Les couches extérieures s'étendent. La température de la Terre est portée au point d'ébullition.
10 650	Début du stade final de géante rouge. La Terre est une planète calcinée.
11 000	Le stade final de géante rouge atteint son point culminant. La fusion de l'hélium gagne l'enveloppe autour du coeur. L'étoile agonisante projette du gaz et de la poussière sous forme de nébuleuse planétaire. Au bout de 75 000 ans, on a une naine blanche.
?	La naine blanche se refroidit et, au bout de dizaines de milliards d'années, finit par devenir une naine noire.

Que lire, que visiter, où se renseigner ?

Si ce volume vous a donné l'envie d'en savoir plus sur notre famille d'astres,

Lisez :

- *Le système solaire,* Bibliothèque pour la Science, chez Belin (1982) ;
- *Le système solaire et son exploration*, chez Atlas (1984) ;
- *L'Univers, énigmes et découvertes,* par Philippe de la Cotardière, chez Larousse (1984) ;
- *La Terre et les planètes*, par J.Pierre Bribing, chez Messidor, La Farandole (1990) ;

que vous consulterez dans une bibliothèque ou demanderez à votre libraire.

Allez visiter :

en France :

- le palais de la Découverte, à Paris, Grand Palais, métro Franklin-D.-Roosevelt ou Champs-Élysées-Clemenceau ;
- la Cité des Sciences et de l'Industrie de la Villette, à Paris, métro Porte de la Villette ;
- l'observatoire le plus proche de votre localité. Pour connaître son adresse, écrivez à l'Observatoire de Paris, 61, avenue de l'Observatoire, 75014 Paris.

Et, si vous habitez le **Canada** :

- Planétorium Dow 1000 ouest, rue St-Jacques Montréal, Qc H3C 1G7 ;
- Ontario Science Centre, 770, Down Mills Road Toronto, Ontario M3C 1T3 ;
- Royal Ontario Museum, 100, Queen Park, Toronto, Ontario M5S 2C6 ;
- National Museum of Natural Sciences, Coin McLeod et Metcalfe Ottawa, Ontario K1P 6P4 ;

Si vous voulez connaître les **clubs d'astronomie** de votre région, adressez-vous aux associations suivantes :

en France :

- Association française d'astronomie, tél. (1) 45 89 81 44 ;
- Société astronomique de France , tél. (1) 42 24 13 74 ;

en Belgique :

- Cercle astronomique de Bruxelles (CAB), 43, rue du Coq, 1180 Bruxelles;
- Société astronomique de Liège (SAL) ;
- Institut d'astrophysique de l'université de Liège, 4200 Cointe-Liège, tél. 041/52 99 80 ;

en Suisse :

- Société astronomique de Suisse (SAS), Hirtenhofstrasse 9, 6006 Lucerne ;
- Société vaudoise d'astronomie (SVA), chemin de Pierrefleur 22, 1004 Lausanne ;

au Québec :

- Société astronomique de Montréal, tél. (514) 453 0752.

Regardez :

Les émissions du Club ASTR3NAUTE, sur FR3. Pour les horaires : Tél : 46.22.52.72 Ce club vous est également accessible par Minitel : 36 15, code FR3 AST.

Écrivez :

- à l'Association française d'astronomie, 17 rue Émile-Deutsch-de-la-Meurthe, 75014 Paris. Vous pouvez également expédier votre demande de renseignement à la boîte aux lettres du service SOSASTRO de l'Association française d'astronomie en faisant sur Minitel 36 15, code AFA, puis en choisissant le service « Astronef » ;
- à la Société astronomique de France (SFA), 3, rue Beethoven, 75016 Paris.

Lexique

Astéroïdes :
Corps célestes faits de roches ou de métal qui gravitent autour du Soleil et dont les dimensions vont d'un à plusieurs centaines de kilomètres. On en compte plusieurs milliers dans le système solaire, entre les orbites de Mars et de Jupiter. Parfois, certains apparaissent ailleurs, soit sous forme de météoroïdes, soit parce qu'ils seraient devenus les «lunes» de certaines planètes, comme dans le cas de Mars.

Billion :
Mille milliards.

Fausses couleurs :
Les photos des corps célestes ne comportent en général que différentes nuances de gris. Pour les rendre plus contrastées, et donc plus lisibles, on en modifie artificiellement les couleurs, en particulier par traitement informatique.

Fusion nucléaire :
Réunion d'atomes légers (d'hydrogène) pour former des atomes plus lourds (d'hélium) avec dégagement d'une énergie considérable, qui alimente le rayonnement des étoiles. L'homme l'a utilisée dans la bombe H mais n'est pas encore parvenu à la domestiquer.

Galaxie :
Vaste groupement d'étoiles, d'autres corps célestes escortant ces étoiles, de gaz et de poussières. Une galaxie peut compter jusqu'à dix milliards d'étoiles. Celle où nous nous trouvons s'appelle la Voie lactée.

Géante rouge :
Etoile qui prend des dimensions gigantesques après avoir brûlé presque tout son hydrogène et que l'excès de chaleur fait se dilater. Ses couches extérieures, en se refroidissant, prennent une coloration rouge.

Gravitation (force, pression gravitationnelle) :
Force universelle qui attire les étoiles, les planètes, leurs satellites et les autres corps célestes les uns vers les autres.

Gravité :
Force d'attraction exercée par un corps céleste.

Hélium :
Gaz léger, incolore, l'un des principaux produits de l'activité des étoiles.

Hydrogène :
Gaz incolore et sans odeur, le plus simple et le plus léger de tous les éléments. Les étoiles sont composées aux trois quarts d'hydrogène.

Naine blanche :
Petit objet chauffé à blanc qui survit à l'effondrement sur elle-même d'une étoile semblable à notre Soleil.

Nébuleuse :
Immense nuage de poussières et de gaz situé dans l'espace.

Planète :
Corps céleste tournant autour du Soleil. La Terre, où nous vivons, en est une.

Proto-
Sert à désigner le stade primitif, initial, de quelque chose. «Protoétoile» : une étoile au début de sa formation.

Révolution :
Mouvement périodique d'un astre plus léger tournant autour d'un autre plus lourd.

Rotation :
Mouvement régulier d'un corps céleste qui tourne autour de son axe.

Satellite :
Corps céleste plus petit tournant autour d'un autre plus gros. La Lune est un satellite *naturel* de la Terre. Spoutnik 1 et 2 ont été les premiers satellites *artificiels* de la Terre.

Séquence principale :
Quand on répartit les étoiles sur un diagramme en fonction de leur couleur et de leur luminosité, on s'aperçoit que la plus grande partie d'entre elles se regroupent le long d'une ligne, que l'on a appelée «séquence principale».

Supernova (au pluriel : des supernovae) :
Etoile massive au moment de l'explosion extrêmement violente qui met fin à son existence.

Trou noir :
Objet massif — d'ordinaire une étoile ratatinée —, d'une densité telle que même la lumière ne peut échapper à sa gravité.

Univers :
Ensemble de tout ce dont nous connaissons ou supposons l'existence.

Isaac Asimov

Né en 1920 en Russie, Isaac Asimov a suivi très jeune ses parents aux États-Unis, où il a fait des études de biochimiste avant de devenir l'un des écrivains les plus féconds de notre siècle. On lui doit plus de 400 titres publiés dans des domaines aussi différents que la science, l'histoire, la théorie du langage, les romans fantastiques et de science fiction. Sa brillante imagination et sa vaste érudition ont su lui gagner l'attachement de ses lecteurs, enfants comme adultes. Il a obtenu le prix Hugo de la science- fiction et le prix Westinghouse de l'Association américaine attribué à des ouvrages scientifiques. Il est surprenant de constater que de nombreuses anticipations d'Isaac Asimov se sont révélées prémonitoires. Et c'est là une des raisons de l'attrait qu'exercent ses textes.

Isaac Asimov a déjà beaucoup écrit pour les jeunes et son intérêt pour la littérature de jeunesse ne fait que croître avec les années. Passionné à traquer le savoir, il cherche à faire partager ses découvertes, à les redire avec ses mots à lui, en les rendant plus accessibles, plus facilement compréhensibles. Il possède de remarquables talents de pédagogue : sa plume, quand il traite de la science, est animée d'un tel enthousiasme pour son sujet qu'on ne peut s'empêcher de le partager. Mais Isaac Asimov ne se contente pas de transmettre des connaissances, il est profondément préoccupé par les conséquences que peut avoir la science sur le destin de l'homme.

" Mon message, c'est que vous vous souveniez toujours que la science, si elle est bien orientée, est capable de résoudre les graves problèmes qui se posent à nous aujourd'hui. Et qu'elle peut aussi bien, si l'on en fait un mauvais usage, anéantir l'humanité. La mission des jeunes, c'est d'acquérir les connaissances qui leur permettront de peser sur l'utilisation qui en est faite."

Isaac Asimov

La Bibliothèque de l'Univers

On comprend qu'avec de telles préoccupations, Isaac Asimov ait été amené à s'intéresser à l'espace, où se trouvent les clés de l'apparition et du maintien de la vie sur la Terre. Le cosmos a tout particulièrement inspiré les œuvres d'imagination d'Asimov, mais ce dernier lui a également consacré des études d'un niveau élevé.

Et voici que maintenant, Isaac Asimov s'est attelé à la rédaction d'une véritable Bibliothèque de l'Univers, source d'informations unique en son genre, qui englobe à la fois le passé, le présent et l'avenir. Pendant des mois de préparation, l'auteur s'est interrogé sur ce que sera l'espace quand nos enfants auront grandi. Ils seront témoins de l'établissement d'une station spatiale, de la lente mise en route d'exploitations minières sur le sol de la Lune. Ils suivront peut-être le vol d'une équipe mixte USA/URSS vers Mars.

La passion d'Asimov à "enseigner l'espace" n'est pas une fin en soi. *"Plus il y aura d'êtres humains captivés par la science,* écrit-il, *et plus notre société sera en sécurité."*

Titres parus :

Les astéroïdes
Les comètes
ont-elles tué les dinosaures ?
Fusées, satellites et sondes spatiales
Guide pour observer le ciel
La Lune
Mars, notre mystérieuse voisine
Notre système solaire
Notre Voie lactée
et les autres galaxies
Pulsars, quasars et trous noirs
Saturne et sa parure d' anneaux
Le Soleil
Uranus : la planète couchée
La Terre : notre base de départ
Y a-t-il de la vie
sur les autres planètes ?
Comment est né l'Univers ?
Mercure : la planète rapide
Les objets volants non identifiés
Les astronomes d'autrefois
Vie et mort des étoiles
Jupiter : la géante tachetée

A paraître :

Science-fiction et faits de science
Les déchets cosmiques
Pluton : une planète double
La colonisation
des planètes et des étoiles
Comètes et météores
La mythologie et l'Univers
Vols spatiaux habités
Neptune : la planète glacée
Vénus : un mystère bien enveloppé
Les programmes
spatiaux dans le monde
L'astronomie aujourd'hui
Le génie astronomique

Aubin Imprimeur Ligugé, Poitiers — 5-1991 — D.L. : octobre 1989 — N° d'édition 16635 — N° d'impression P 37685 — ISBN 2-08-161455-3

Isaac Asimov
notre système
solaire
Père Castor
Flammarion